选材版

突破经典
家装案例集

TUPO JINGDIAN JIAZHUANG ANLIJI

突破经典家装案例集编写组/编

背景墙

U0352236

机械工业出版社
CHINA MACHINE PRESS

对于每个家庭来说，家庭装修不仅要有好的设计，材料的选择更是尤为重要，设计效果最终还是要通过材质来体现的。要想选到又好又适合自己的装修材料，了解装修材料的特点以及如何进行识别、选购，显然已成为业主考虑的重点。"突破经典家装案例集"包含了大量优秀家装设计案例，包括《背景墙》《客厅》《餐厅、玄关走廊》《卧室、书房、厨房、卫浴》《隔断、顶棚》五个分册。每个分册穿插材质的特点及选购等实用贴士，言简意赅，通俗易懂，让读者对自己家装风格所需要的材料色彩、造型有更直观的感受，在选材过程中更容易选到称心的装修材料。

图书在版编目（CIP）数据

突破经典家装案例集 ：选材版. 背景墙 / 《突破经典家装案例集 ：选材版》编写组编. — 北京 ：机械工业出版社，2015.3
ISBN 978-7-111-49690-8

Ⅰ. ①突… Ⅱ. ①突… Ⅲ. ①住宅-装饰墙-室内装修-装修材料 Ⅳ. ①TU56

中国版本图书馆CIP数据核字(2015)第052909号

机械工业出版社（北京市百万庄大街22号　邮政编码 100037）
策划编辑：宋晓磊　　　　　　　责任编辑：宋晓磊
责任印制：乔　宇　　　　　　　责任校对：白秀君
保定市中画美凯印刷有限公司印刷

2015年4月第1版第1次印刷
210mm×285mm · 6印张 · 195千字
标准书号：ISBN 978-7-111-49690-8
定价：29.80元

Contents
目录

电视墙

沙发墙

玻璃马赛克的选购

玻璃马赛克又叫玻璃锦砖或玻璃纸皮砖。它是一种小规格的彩色饰面玻璃。一般规格为 20mm×20mm、30mm×30mm、40mm×40mm，厚度为 4~6mm。外观有无色透明的，着色透明的，半透明的以及带金色或银色斑点、花纹或条纹的。正面有光泽、滑润、细腻，背面带有较粗糙的槽纹，便于用砂浆粘贴。

电视墙

白色釉面墙砖

茶色镜面玻璃

装饰壁画

玻璃马赛克

装饰灰镜

纯纸壁纸

米色抛光墙砖

深咖啡色网纹大理石

白枫木装饰线

有色乳胶漆

白色釉面墙砖

茶色镜面玻璃

密度板造型贴黑镜

艺术墙贴

木纤维壁纸

泰柚木饰面板

混纺地毯

纯纸壁纸

白色乳胶漆

爵士白大理石

布艺软包

爵士白大理石

米色网纹大理石

木质搁板

纯纸壁纸

白枫木装饰线

米色人造大理石

植绒壁纸

木纹大理石

黑色烤漆玻璃

水曲柳饰面板

装饰灰镜

金属砖的特点

　　金属砖的原料是铝塑板、不锈钢等含有大量金属的材料，可呈现出拉丝及亮面两种不同的金属效果。常见的金属砖多为金属马赛克，能够彰显高贵感和现代感，可用于现代风格、欧式风格的室内环境中。金属砖拼接款式多样，不仅有单纯的金属砖拼接，还有与其他材料拼接的款式。金属砖质轻、防火，而且环保。

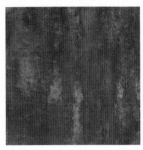

金属砖

密度板雕花隔断

石膏装饰立柱

爵士白大理石

马赛克拼花

木纹大理石

泰柚木饰面板

红樱桃木窗棂造型

中花白大理石

黑镜装饰条

水曲柳饰面板

白色釉面墙砖　　　　　　　　　　　　　泰柚木饰面板

银镜装饰条　　　　　　　　　　　　　　纯纸壁纸

胡桃木饰面板　　　　　　　　　　　　　仿皮纹壁纸

黑金花大理石

红樱桃木饰面板

密度板肌理造型

车边银镜

木质踢脚线

艺术墙贴

石膏板肌理造型 ············

网纹抛光墙砖 ············

中花白大理石

米白色洞石

雕花银镜　　　　　　　　　　有色乳胶漆

黑色烤漆玻璃

不锈钢条

红樱桃木饰面板

车边银镜

金属砖的挑选

    1.外观。好的金属砖无凹凸、鼓突、翘角等缺陷，边直面平。选用优质金属砖不但容易施工，可以铺出很好的效果，看起来平整、美观，而且还能节约工时和辅料，经久耐用。

    2.釉面。釉面应均匀、平滑、整齐、光洁、细腻、亮丽，而且色泽要一致。

    3.色差。将几块金属砖拼放在一起，在适度的光线下仔细察看，好的产品色差很小，产品之间的色调基本一致。

车边银镜

马赛克

纯纸壁纸

马赛克拼花

植绒壁纸

茶色镜面玻璃

米色网纹人造大理石

水曲柳饰面板

爵士白大理石

泰柚木饰面板

木质装饰线描银

皮革软包

黑金花大理石

木纤维壁纸

爵士白大理石

泰柚木饰面板

灰白色洞石　　　　　　　　茶镜装饰条

中花白大理石

密度板雕花贴银镜

纯纸壁纸

车边银镜

纯纸壁纸

木质搁板

纯纸壁纸

玻璃马赛克

装饰灰镜

黑色烤漆玻璃

米色网纹大理石

米黄色大理石

有色乳胶漆

白枫木饰面板

波浪板的特点

　　波浪板是一种新型、时尚、艺术感极强的室内装饰板材，又称3D立体波浪板，可代替天然木皮、贴面板等。波浪板主要用于各场所的墙面装饰，其造型优美、结构均匀、立体感强、防火防潮、加工简便、吸声效果好、绿色环保。波浪板品种多样，现市面上有几十种花纹，可呈现近30种装饰效果。常用的厚度规格有12mm、15mm和18mm，其中15mm是最常用的一种规格。

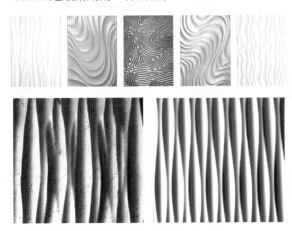

有色乳胶漆

装饰灰镜

孔雀纹波浪板

深酒红色烤漆玻璃

有色乳胶漆

木纤维壁纸

装饰银镜

泰柚木饰面板

爵士白大理石

装饰灰镜

米白色网纹人造大理石

纯纸壁纸

车边银镜

纯纸壁纸

陶瓷马赛克

木纹大理石

纯纸壁纸　　　　　　皮革软包

黑镜装饰条

车边银镜

实木雕花描金

布艺装饰硬包

文化石

植绒壁纸

纯纸壁纸

陶瓷马赛克

水曲柳饰面板

木纤维壁纸

中花白大理石

纯纸壁纸

手绘墙饰

红樱桃木饰面板

仿石材砖的特点

　　仿石材砖不会产生放射性污染，同时也避免了天然石材的色差，保持了天然石材的纹理，因此使得每一片仿石材砖之间的拼接更自然。目前市场上仿石材砖与造价非常高的天然大理石相比，价格更易于接受，因而很受消费者的青睐。

棕色仿大理石砖

装饰灰镜

黑色烤漆玻璃

灰镜装饰条

银镜装饰条

车边灰镜

茶色镜面玻璃

米色网纹大理石

白枫木饰面板

皮革软包

灰白色网纹大理石

植绒壁纸

白色乳胶漆

胡桃木雕花贴银镜

胡桃木装饰线

白枫木窗棂造型

无纺布壁纸

陶瓷马赛克

纯纸壁纸

爵士白大理石

植绒壁纸

黑色烤漆玻璃

纯纸壁纸

有色乳胶漆

木纹抛光墙砖

纯纸壁纸

深咖啡色网纹大理石　　　　　　车边银镜

布艺装饰硬包   白枫木窗棂造型贴银镜

白色乳胶漆

纯纸壁纸

米色亚光墙砖

银镜装饰线

仿石材砖的选购

    1.听。将仿石材砖立起来，用手敲击砖体。声音越清脆，证明砖体的密度越高，品质就越好，反之声音越沉闷，证明砖体的密度越差。

    2.摸。用手触摸仿石材砖的表面，感受其表面的防滑性能，这一点非常重要。

    3.看。看花色纹理。高端的仿石材砖纹理自然、逼真，有很大的随机性，几乎没有完全相同的砖体；看背面的颜色是否纯正，仿石材砖背面纯正的颜色一般是乳白色，如果背面颜色发黑、发黄，且易断裂，则说明砖体内杂志较多。

车边茶镜

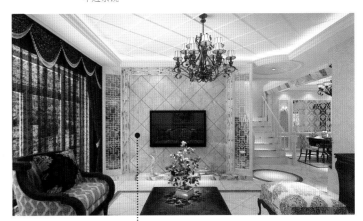

米色网纹仿大理石砖

茶镜装饰条

黑金花大理石装饰线

车边黑镜

浅咖啡色网纹大理石装饰线

米色网纹仿大理石砖

雕花银镜

木纤维壁纸

仿木纹大理石砖

灰镜装饰条

密度板雕花　　　米白色洞石　　　　　　　　　　有色乳胶漆

灰镜装饰条　　　　　　　　　　　　　　米黄色网纹大理石

茶镜装饰条　　　　　直纹斑马木饰面板

密度板雕花隔断

爵士白大理石

手绘墙饰

文化石

植绒壁纸

纯纸壁纸

装饰银镜

雕花银镜

泰柚木饰面板

装饰银镜

彩色釉面墙砖

植绒壁纸

泰柚木饰面板

白枫木装饰线

金属壁纸

文化石的特点

文化石是一种以水泥掺砂石等材料，灌入磨具形成的人造石材。现在市面上的文化石多为人造石，因此形态非常多，在自然界中能见到的石材基本上都能够找到，例如，砖石、木纹石、莱姆石、鹅卵石、洞石、风化石、层岩石等，适合各种装饰风格，室内、室外都可以使用，能够完美地呈现自然感。

沙发墙

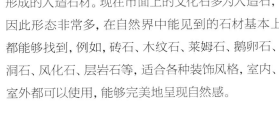

文化砖

文化石

白枫木饰面板

银镜装饰线

纯纸壁纸

纯纸壁纸

银镜装饰条

皮纹砖

白枫木饰面板

车边银镜

白枫木饰面板

银镜装饰线

无纺布壁纸

米白色洞石

无纺布壁纸

纯纸壁纸

纯纸壁纸

灰镜装饰线

泰柚木装饰线

雕花灰镜

密度板拓缝

车边银镜

大理石饰面垭口

黑白根大理石波打线

密度板造型　　　　　　　　　　　有色乳胶漆

红樱桃木装饰线

有色乳胶漆

黑色烤漆玻璃

直纹斑马木饰面板

文化石的选购

　　质量好的文化石，其表面的纹路比较明显，色彩对比度高。如果磨具使用时间过长，那么生产出来的文化石的纹路就会模糊。除此之外，还可以通过以下方式来检测文化石的质量。

　　一查：首先检查文化石产品有无质量体系认证证书、防伪标识及质检报告等。

　　二划：用指甲划板材表面，看有无明显划痕，判断其硬度如何。

　　三看：目视产品颜色是否清纯，表面有无类似塑料的胶质感，板材正面有无气孔。

　　四摸：手摸板材表面有无涩感、有无丝绸感、有无明显高低不平感，界面是否光洁。

　　五闻：鼻闻板材有无刺鼻的化学气味。

　　六碰：将相同的两块样品相互敲击，是否易破碎。

泰柚木饰面板

文化石

红樱桃木饰面板

植绒壁纸

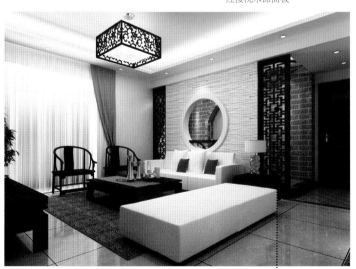

红樱桃木窗棂造型

文化石

装饰灰镜

纯纸壁纸

手绘墙饰

有色乳胶漆

木质踢脚线

布艺软包

米色玻化砖

装饰黑镜

无纺布壁纸

木质装饰线描金

纯纸壁纸

黑金花大理石装饰线

彩绘玻璃

纯纸壁纸

有色乳胶漆

白枫木装饰线   纯纸壁纸

纯纸壁纸 ·····················

茶色镜面玻璃 ·····················

纯纸壁纸

木质装饰线混油

PVC壁纸

金属壁纸

装饰银镜

纯纸壁纸

车边灰镜

洞石的特点

　　洞石，学名为石灰华，是一种多孔的岩石，所以人们通常也称其为洞石。洞石属于陆相沉积岩，是一种碳酸钙的沉积物。洞石大多形成于富含碳酸钙的石灰石地形，是由溶于水中的碳酸钙及其他矿物沉积于河床、湖底等地而形成的。其纹理特殊，多孔的表面极具特色。

　　天然洞石清晰的纹理以及温和丰富的质感源自天然，却超越天然，成品疏密有致、凹凸和谐，可营造出温和的氛围。洞石主要应用于建筑外墙装饰和室内地板、墙壁装饰，装饰出的建筑物带有较强烈的文化和历史韵味。

皮纹砖

米黄色大理石装饰线

大理石饰面壁炉

米黄色洞石

黑色烤漆玻璃

木纤维壁纸

装饰银镜

泰柚木饰面板

白色乳胶漆

装饰灰镜

纯纸壁纸

木纤维壁纸

纯纸壁纸

白枫木装饰线

纯纸壁纸

胡桃木顶角线

白枫木装饰

有色乳胶漆

白枫木装饰线

白枫木装饰线

彩色釉面墙砖

皮革装饰硬包

木纹大理石

雕花茶镜

皮革软包

白枫木饰面板

软木板

黑胡桃木装饰线

木质搁板

纯纸壁纸

纯纸壁纸

砂岩的特点

绝大部分砂岩由石英或长石形成，结构稳定，通常呈淡褐色或红色，主要含硅、钙、黏土和氧化铁等成分。色彩和花纹最受设计师欢迎的非澳洲砂岩莫属。澳洲砂岩是一种生态环保石材，其产品具有无污染、无辐射、无反光、不风化、不变色、吸热、保温、防滑等特点。

餐厅墙

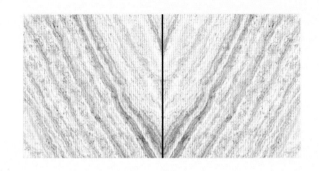

有色乳胶漆

木纤维壁纸

红樱桃木雕花隔断

仿木纹砂岩

泰柚木饰面板

磨砂玻璃

雕花钢化玻璃

装饰银镜

车边银镜

白枫木隔断

雕花灰镜

车边银镜

植绒壁纸

磨砂玻璃

冰裂纹玻璃

白色亚光玻化砖

白色乳胶漆　　　　　　　　　　　　　　　　　密度板雕花

雕花灰镜

装饰灰镜

纯纸壁纸

车边银镜

铝制百叶

纯纸壁纸

冰裂纹玻璃 ·········

无纺布壁纸 ·········

木质踢脚线 ·········

纯纸壁纸

密度板雕花

米色玻化砖

PVC壁纸

雕花银镜

人造石的特点

　　人造石通常是指人造石实体面材、人造石英石、人造岗石等。相比不锈钢、陶瓷等传统建材，人造石不但功能多样，颜色丰富，应用范围也更广泛。人造石无毒性、无放射性、阻燃、不粘油、不渗污、抗菌防霉、耐磨、耐冲击、易保养，可实现无缝拼接，造型百变。

　　如果喜欢石材的质感和外观，但是担心天然孔洞残留细菌、污渍以及辐射等问题，可以用人造石来替代。

冰裂纹玻璃

车边银镜

白枫木饰面板

车边茶镜

米色网纹人造大理石

密度板雕花隔断

植绒壁纸   冰裂纹玻璃

白枫木装饰线

布艺软包

纯纸壁纸

木质搁板

白枫木装饰线

灰镜装饰条

植绒壁纸

密度板雕花隔断

水晶装饰珠帘

钢化玻璃

白色玻化砖

磨砂玻璃

纯纸壁纸

白色釉面墙砖

陶瓷马赛克

车边银镜

纯纸壁纸

镜面马赛克

手绘墙饰

车边银镜

马赛克拼花波打线

冰裂纹玻璃　　　　　　　　　　　　　　　　　　　有色乳胶漆

密度板树干造型　　　　　　　　　　　　　　　　木纤维壁纸

米黄色抛光墙砖　　　　　　　　　　　　　　　　白枫木窗棂造型

镜片的特点

　　当室内空间较小时，利用镜片进行装饰不仅可以将梁柱等部件隐藏起来，而且从视觉上可以延伸空间感，使空间看上去变得宽敞。镜片最适用于现代风格的空间，不同颜色的镜片能够营造出不同的韵味，打造出或温馨、或时尚、或个性的氛围。

车边银镜

磨砂玻璃

车边银镜

雕花银镜

纯纸壁纸

彩绘玻璃

水曲柳饰面板

黑镜装饰条

车边银镜

纯纸壁纸

车边银镜

深咖啡色网纹大理石

车边银镜

木纤维壁纸

无纺布壁纸

车边银镜

白色亚光墙砖　　　　　　　　　　　　　　　装饰灰镜

木纤维壁纸

车边银镜

陶瓷马赛克

红樱桃木饰面板

木质搁板

冰裂纹玻璃

车边银镜

植绒壁纸

木质搁板

木质搁板

陶瓷马赛克

米黄色洞石

灰镜装饰条

白色乳胶漆

实木雕花的特点

实木雕花在我国具有悠久的历史,属于具有中式特色的装饰构件,可用于墙面、屏风、隔断、家具等部位上的装饰。如果搭配中式风格的室内环境,则会更加相得益彰。现在的实木雕花可分为两种,一种是流传下来的,价格比较昂贵,一种是现代生产的,价格相对较低。

卧室墙

实木雕花

黑胡桃木饰面板

红樱桃木饰面板

红樱桃木雕花隔断

布艺软包

纯纸壁纸

皮革软包

纯纸壁纸

皮革装饰硬包

布艺软包

黑镜装饰线

皮革软包

白枫木饰面板

布艺软包

布艺软包

强化复合木地板

布艺软包

混纺地毯

纯纸壁纸

胡桃木装饰线

布艺软包

艺术地毯

纯纸壁纸

布艺软包

灰镜装饰线

纯纸壁纸

布艺装饰硬包

纯纸壁纸

布艺软包

白枫木装饰线

文化石

布艺软包

纯纸壁纸

手绘墙饰的特点

　　手绘墙饰就是在室内的墙壁上进行彩色的涂鸦和创作，具有任意性和观赏性，能够充分体现作者的创意，非常适合DIY。手绘墙饰除了可在新涂刷的墙面上做装饰外，还可用来掩盖旧墙面上不可去除的污渍，给墙面以新的面貌。可以自己绘制，也可请专业的师傅来绘制。

手绘墙饰

木质搁板

有色乳胶漆

白枫木百叶

木质搁板

手绘墙饰

纯纸壁纸

木质踢脚线

红樱桃木装饰线

皮革软包

皮纹砖

纯纸壁纸

黑胡桃木饰面板

皮革装饰硬包

木纤维壁纸

泰柚木饰面板

实木地板

木纤维壁纸

皮革软包

白枫木顶角线

黑镜装饰条

密度板雕花贴茶镜

红樱桃木装饰线

白枫木百叶

泰柚木装饰线 ·············

植绒壁纸 ·············

车边银镜

艺术地毯

水曲柳饰面板

胡桃木格栅

装饰银镜

木质装饰线描金

木纹饰面板的应用

　　木纹饰面板，全称装饰单板贴面胶合板，它是将天然木材或科技木刨切成一定厚度的薄片，黏附于胶合板表面，然后经热压而成的一种用于室内装修或家具制造的表面材料。木纹饰面板种类繁多，是一种应用比较广泛的板材。木纹饰面板既具有了木材的优美花纹，又充分利用了木材资源，降低了成本。木纹饰面板施工简单、快捷，效果出众，可用于墙面、门窗以及家具的装饰中。

红樱桃木饰面板

白桦木饰面板

直纹斑马木饰面板

雕花银镜

波浪板

雕花黑色烤漆玻璃

无纺布壁纸　　　　　　　　皮革软包

车边银镜

纯纸壁纸

木纤维壁纸

仿皮纹壁纸

黑胡桃木格栅

皮革软包

白枫木饰面板 ·····························

木纤维壁纸 ···········

植绒壁纸

木质装饰线描金

布艺软包

黑色烤漆玻璃

无纺布壁纸

纯纸壁纸

红樱桃木百叶

白枫木装饰线

纯纸壁纸

纯纸壁纸

皮革软包

皮革软包

纯纸壁纸

皮革装饰硬包

胡桃木饰面板

纯纸壁纸

黑镜装饰条

木纹饰面板的挑选

1.厚度。表层木皮的厚度应达到相关标准要求，太薄会透底。厚度佳，油漆后的实木感更真、纹理更清晰、色泽更鲜明、饱和度更好。

2.胶层结构。看板材是否翘曲变形，能否垂直竖立、自然平放。如果翘曲或板质不挺拔、无法竖立者则为劣质底板。

3.美观度。饰面板外观应细致均匀、色泽清晰、木纹美观，表面无疤痕，配板与拼花的纹理应按一定规律排列，木色相近，拼缝与板边近乎水平。

4.气味性。应避免选购具有刺激性气味的装饰板。如果刺激性异味强烈，则说明甲醛释放量超标，会严重污染室内环境，对人体造成伤害。

直纹斑马木饰面板

泰柚木饰面板

白枫木饰面板

红樱桃木饰面板

布艺软包

装饰银镜

白枫木格栅

纯纸壁纸

木纤维壁纸

泰柚木百叶

雕花钢化玻璃

实木地板